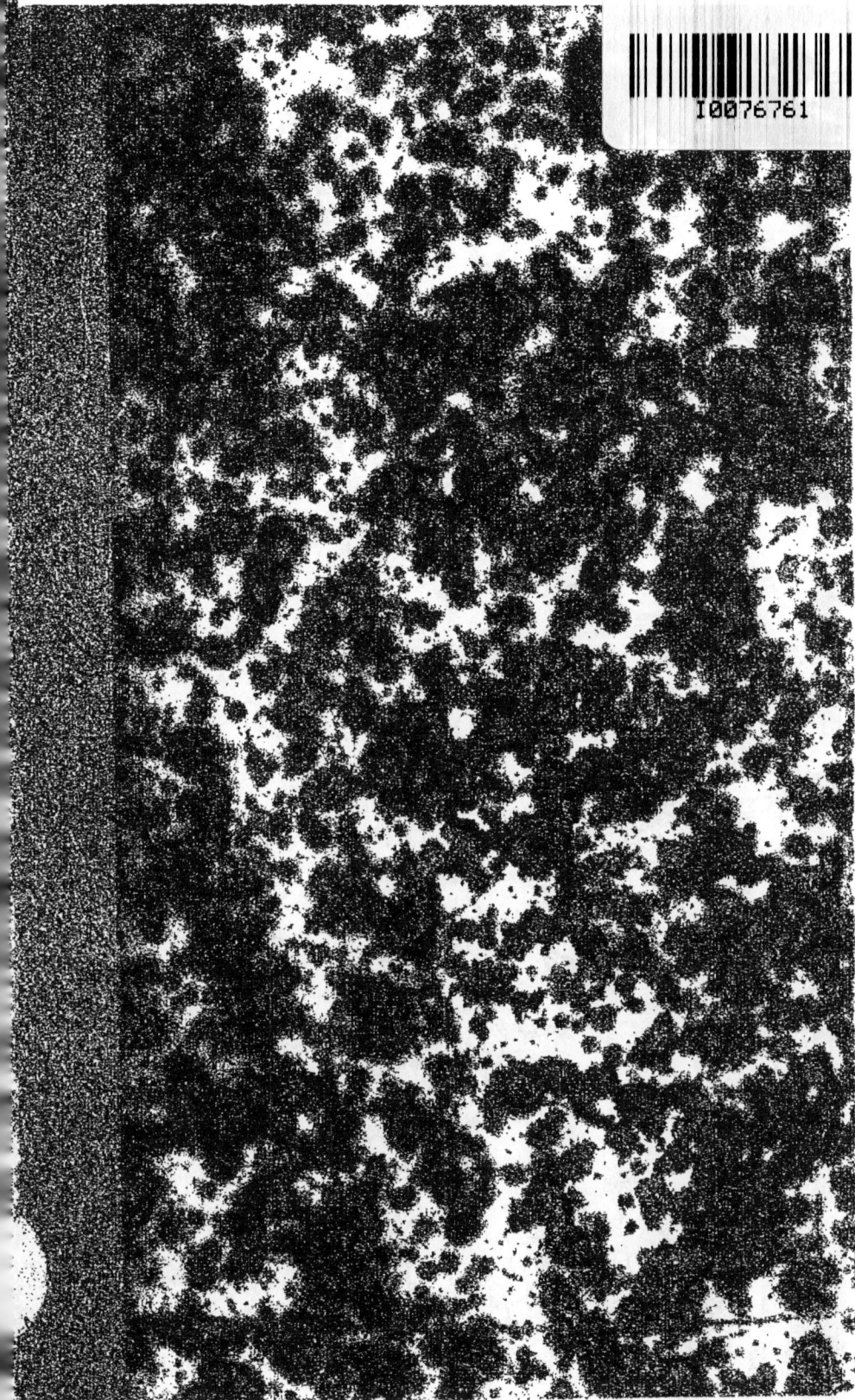

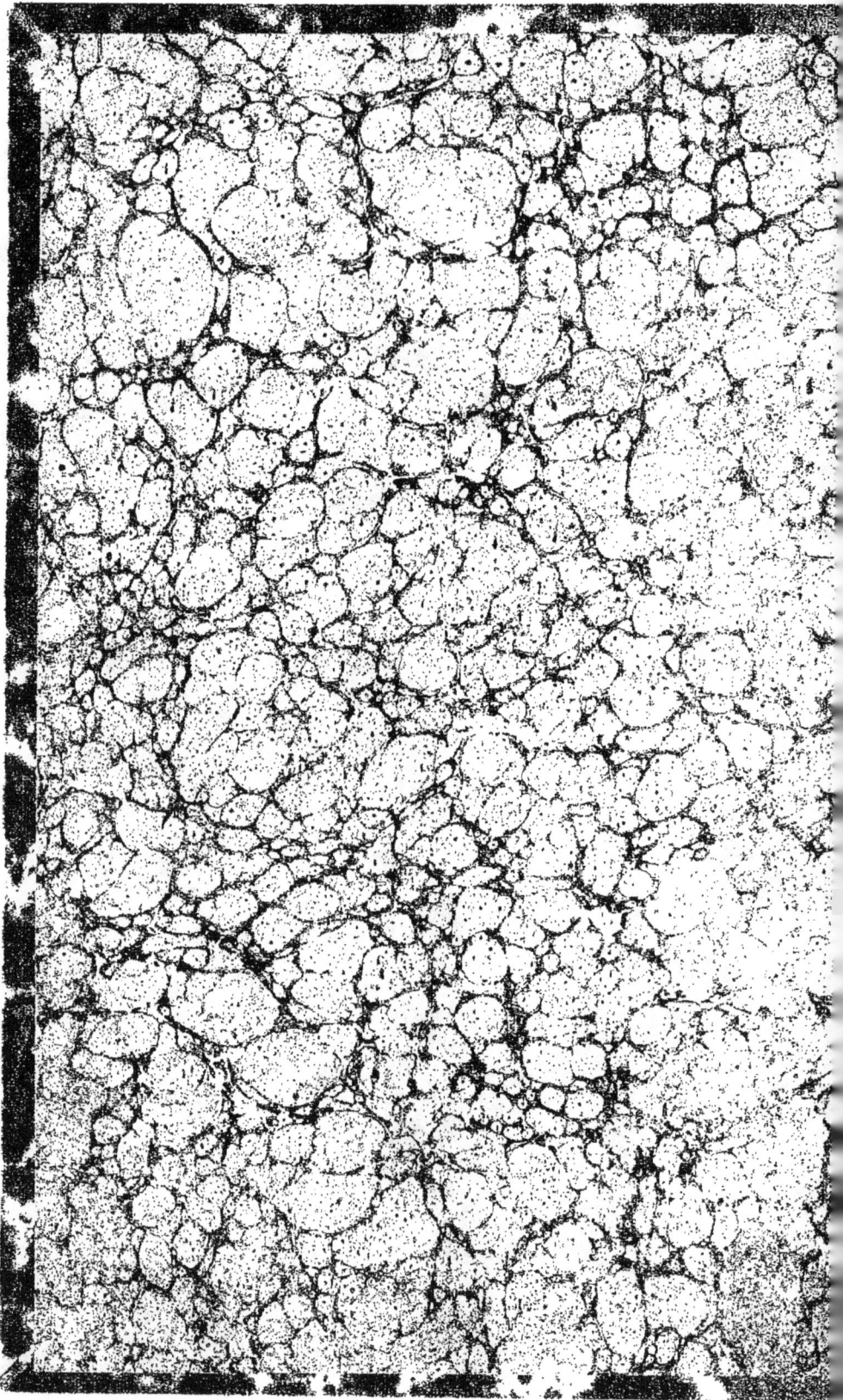

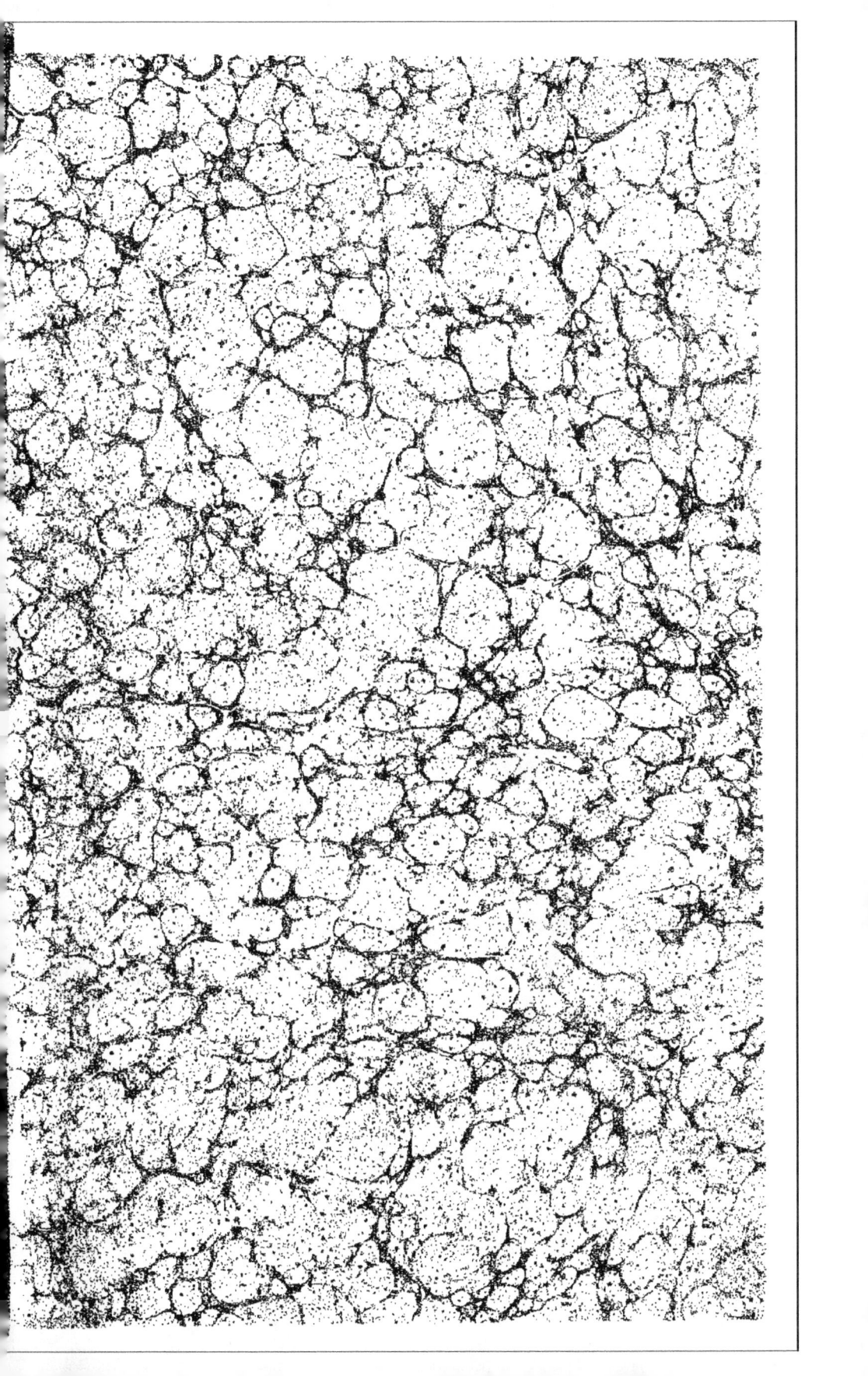

35678

de l'Embouchure

DU CHEVAL.

On trouve chez le même Libraire :

TRAITÉ DE LA FERRURE SANS CONTRAINTE, ou Moyen de ferrer les chevaux les plus vicieux en moins d'une heure, et de les corriger pour toujours de leurs défauts; système puisé dans les principes de la physiologie du cheval; par Constantin Balassa, capitaine de cavalerie au service d'Autriche. Traduit par un Officier français. 1 vol. in-8°, avec 6 planches, 1828. 2 f. 50 c.

REMARQUES SUR LA CAVALERIE, par le général de Warnery; *nouvelle édition*, augmentée de Notes, et d'un Chapitre supplémentaire complétant les remarques contenues dans le dernier chapitre de l'auteur, sur la cavalerie des 15ᵉ et 16ᵉ siècles, 1 v. in-12, 1828. 4 f.

INSTRUCTION POUR LA CAVALERIE, sur le Maniement le plus avantageux du sabre, par Schmidt, etc., accompagnée de planches; traduite de l'allemand, et précédée d'une dissertation sur l'antiquité de l'escrime à cheval, par le traducteur. 1 vol. in-8°, avec pl. 6 f.

DE LA CAVALERIE, ou des Changemens nécessaires dans la composition, l'organisation et l'instruction des troupes à cheval; par le général de la Roche-Aymon, pair de France, 1 vol. in-8°, 1828. 5 f.

COURS ÉLÉMENTAIRE ET ANALYTIQUE D'ÉQUITATION, ou Résumé des principes de M. d'Auvergne, suivi d'un Essai sur les haras; par M. le marquis Ducroc de Chabannes, ancien capitaine de cavalerie et ex-écuyer à l'école de cavalerie de Saumur. 1 vol. in-8°. 3 f.

CORDIER. Traité raisonné d'équitation en harmonie avec l'ordonnance de cavalerie; mis en pratique à l'Ecole royale de cavalerie de Versailles, aujourd'hui à Saumur. Paris, 1824; 1 vol in-8°, avec pl. 6 f.

CLATER. Le Vétérinaire domestique, ou l'Art de guérir soi-même ses chevaux; traduit de l'anglais sur la 21ᵉ édition, par P. L. Prélot, capitaine au Corps royal d'état-major. 1 vol. in-8°, avec 2 belles pl. 6 f.

MARTIGNY. Projet d'amélioration de la race des chevaux. Paris, 1824. 1 f.

DE L'EMBOUCHURE
DU CHEVAL,

OU

MÉTHODE

POUR TROUVER LA MEILLEURE FORME DE MORS, D'APRÈS LES
PROPORTIONS ET LES PRINCIPES LES PLUS SIMPLES DE L'EM-
BOUCHURE DU CHEVAL;

SUIVIE DE LA DESCRIPTION

D'UNE BRIDE QUI EMPÊCHE LE CHEVAL DE SE CABRER.

PAR LE Ch^{er} MAXIMILIEN DE WEYROTHER,

Écuyer en chef de l'École espagnole, ci-devant écuyer en chef de l'institut impérial
et royal d'équitation de Vienne.

TRADUITE PAR UN OFFICIER FRANÇAIS,

SUR

LA DEUXIÈME ÉDITION.

A PARIS,

CHEZ ANSELIN, SUCCESSEUR DE MAGIMEL,

LIBRAIRE POUR L'ART MILITAIRE, RUE DAUPHINE, N° 9.

1828.

INTRODUCTION.

LES principes de l'embouchure du cheval forment incontestablement une des branches les plus importantes de l'art du Cavalier; cependant ils sont du nombre de ceux qui ont été les moins déterminés. Une grande lacune se fait remarquer dans tous les livres qui traitent de cet objet; aucun ne contient de règles fixes, reposant sur des données certaines, pour découvrir la vraie proportion du mors. Aucun des traités existans n'a indiqué comment il fallait s'y prendre pour déterminer et mesurer l'embouchure d'un cheval.

Le défaut de théorie fondée sur les lois de la mécanique ne s'est pas moins fait sentir sur les principes de l'équitation que sur l'art d'emboucher le cheval.

Ce n'est cependant que d'après les

principes de cette science qu'on peut établir une saine théorie; et pour qu'elle soit efficace, elle doit se distinguer par sa clarté et sa simplicité. Le but de cet ouvrage est de suppléer, autant que possible, au vide que nous venons d'indiquer.

DE L'EMBOUCHURE
DU CHEVAL.

Les principes généraux pour emboucher un cheval, qui peuvent être empruntés à la mécanique, ne sont autres que les lois du levier. Toutes les personnes qui connaissent la matière sont unanimement d'accord sur ce point, et conviennent que l'effet du mors n'est autre que celui du levier; mais elles diffèrent d'opinion sur son emploi.

Une explication plus détaillée fera comprendre notre pensée.

Le levier est une verge non flexible de bois ou de métal, propre à lever ou à remuer quelque fardeau; elle est soutenue, appuyée ou retenue en un point fixe autour duquel elle se meut, et qu'on appelle *point d'appui;* le *poids* ou la *résistance* est la masse qu'il s'agit de soulever; la *puissance* est la *force* qui met le levier en mouvement.

La différence de position de la *puissance* du *poids* et du *point d'appui* opère chaque

1*

fois sur la *force* et la *résistance* un change-
ment de direction qui fait donner au levier
des dénominations différentes. Nous distin-
guerons donc le *levier double* ou *à deux
bras*, et le *levier simple* ou à un seul bras.

Le double levier, ou levier à deux bras,
est celui sur lequel le poids et la puissance
opèrent sur deux points opposés au point
d'appui. Telle est la balance d'épicier, dans
laquelle le balancier se meut autour du
couteau d'acier ou point d'appui qui se
trouve entre les deux plateaux; l'un de ces
plateaux représente la puissance, l'autre
le poids. Ainsi *dans le levier à deux bras, la
puissance et la résistance se meuvent dans
des directions opposées.*

Le levier simple ou le levier à un bras est
celui où le point d'appui se trouve à l'un
des bouts du levier, tandis que le poids ou
la puissance est à l'autre bout, et que les
deux agens se meuvent de concert. Le levier qui sert à déplacer des masses à force
de bras est de cette espèce : il a son point
d'appui à terre; la force musculaire de
l'homme est appliquée à l'autre extrémité et
agit dans le même sens que la résistance,
puisque le fardeau se déplace dans la direc-

tion où il est poussé. Donc, *dans le levier à un bras, le poids et la puissance se meuvent dans la même direction.*

Si l'on se représentait une des branches du mors comme un levier de la première espèce, le point d'appui se trouverait entre *l'œil carré* et la *gargouille* : l'embouchure qui est au milieu des deux branches formerait un lien entre elles, et, à l'endroit des *bosséttes*, existerait le point d'appui mobile sur lequel les leviers seraient mis en action.

La puissance, représentée par les efforts des cavaliers, se ferait d'abord sentir aux anneaux de porte-rênes pour se communiquer de là au bas de la branche; tandis que le poids se trouverait au haut du balancier.

En examinant attentivement le mécanisme du mouvement du mors, on remarque qu'en tirant sur les rênes, l'œil carré le fait pencher en avant (à moins que la gourmette ne l'en empêche par sa trop forte tension); qu'après s'être penché, le mouvement du haut de la branche est modéré par la gourmette; de sorte que le poids, fixé à l'œil carré, est arrêté dans son essor. Si, au contraire, la gourmette était peu ou point tendue, la force aurait une libre action sur le bas de la branche, tellement que les deux branches pourraient former une même ligne avec les rênes, mais aussi elles cesseraient de faire les fonctions de leviers. Lorsque la gourmette est suspendue à ses crochets, le haut de la branche ne peut pencher en avant qu'autant que la gourmette ne serre pas exactement à la barbe; lorsqu'elle est enfin appliquée sur elle, le véritable effet de l'embouchure commence sur la bouche du cheval. Ainsi la résistance qu'oppose la gourmette à la partie supérieure de la branche constitue le poids; mais comme la gourmette repose sur la barbe du cheval, c'est dans cette partie de la tête de l'animal que se trouve le poids que l'on fait mouvoir.

Comme nous l'avons vu, la puissance et le poids dans le double levier, ou levier à deux bras, se meuvent en sens opposés; lors donc que le cavalier tire sur les rênes, la puissance vient vers lui et le poids devrait s'en éloigner; il faudrait aussi, puisque c'est la barbe qui est le véritable poids, qu'on pût l'élever, tandis que l'on voit au contraire que le cheval, pourvu d'un bon mors, obéit à a main du cavalier en rendant la tête. C'est là le véritable effet que tout écuyer doit être jaloux d'obtenir, et l'on conviendra qu'il faudrait se promettre un résultat tout opposé, si l'on considérait les branches du mors comme des leviers doubles, ou à deux bras. Il est donc souverainement inexact de dire que le mors peut être considéré comme un levier de cette espèce.

Au contraire, si on regarde les branches comme des leviers simples, ainsi qu'on les a définis, cela répond parfaitement au but proposé. La puissance y sera au bas de la branche; l'œil carré deviendra le point d'appui à l'endroit où viendra s'accrocher la gourmette; et, comme dans cette espèce de levier le poids doit résister entre la puissance et le point d'appui, l'embouchure formera donc le poids; mais les points de résistance contre l'embouchure étant la langue, et particulièrement les barres, ce sont donc finalement les dernières qui représentent le *poids*.

On remarquera encore qu'en tirant sur les rênes, les branches font absolument l'effet de leviers simples; car les barres qui sont le poids se dirigent dans le même sens

que la puissance qui agit, à son tour, en tirant à soi : condition inhérente aux leviers à un bras.

On ne pourrait d'ailleurs considérer les branches de mors autrement que comme des leviers simples, puisque toute autre espèce de levier ferait un effet contraire à celui que l'on veut en obtenir. La première sensation que cause la puissance sur la bouche du cheval, porte sur les barres et la langue par les canons de l'embouchure, et sur la barbe par la gourmette. Ici on doit se demander laquelle de ces deux sensations est la plus forte, car la même puissance détermine la commotion sur les barres et sur la barbe. C'est dans la solution de cette question que l'on verra si les branches doivent être considérées comme des leviers doubles ou simples ; car on ne saurait jamais trop citer d'autorités et de raisonnemens pour détruire des préjugés accrédités.

Le cheval obéira naturellement à la sensation la plus forte ; si celle qui est occasionée par la gourmette est la plus douloureuse, l'animal lèvera la tête ; il se roidira, et il ira au-devant de l'action des rênes (effet du levier de la première espèce) ; si, au contraire,

la commotion provenant de l'embouchure
se fait sentir davantage, le cheval rendra la
tête ; il obéira aux rênes, et le mors fera
l'effet d'un levier de la deuxième espèce.

Le premier soin doit tendre à obtenir un
mors qui fasse éprouver au cheval plus de
sensation dans la bouche que sur la barbe.
La construction et la forme particulière de
l'intérieur de la bouche indiqueront, après
un examen attentif, les parties à ménager,
et par conséquent la forme de mors la
mieux appropriée à son objet.

Les parties de la mâchoire sur laquelle
portent et l'embouchure et la gourmette,
doivent particulièrement fixer l'attention ;
la première portera sur la partie dénuée de
dents, qui existe entre les *crochets* et les
coins qu'on appelle barres ; c'est au même
endroit que la *ganache* forme une sorte de
canal dans lequel la langue se meut plus ou
moins librement. La partie charnue de l'extérieur est appelée barbe ; c'est sur cette
forme arrondie que doit porter la gourmette,
ou pour mieux dire au point où elle forme
une légère excavation, et où commence l'é-
cartement de la ganache.

Une simple inspection de la bouche du

cheval fait voir que ses endroits les plus
sensibles se trouvent être les barres; et en
effet ce sont les parties les plus dépourvues
de chairs, et les plus fermes en même temps.
La sensibilité des barres dépend aussi de la
forme du canal et de celle de la langue, car
si le canal était tellement étroit que la langue
ne pût s'y loger commodément, ou bien
que l'épaisseur de la langue produisît le
même résultat, cette dernière s'étendrait à
chaque compression de l'embouchure sur
les barres, et en diminuerait ainsi l'effet.

Nous venons de poser les principes généraux sur le choix des mors; maintenant,
pour donner plus d'autorité à ce qui a été
dit, nous allons comparer une bouche de
cheval des plus tendres et une des plus
dures.

La bouche la plus tendre est incontestablement celle qui a les barres les plus minces
et les plus dépourvues de chairs, qui a un
canal tellement large que la langue s'y meut
en toute liberté, et ne peut couvrir les
barres lorsque les canons communiquent
l'action de la puissance.

La bouche la plus dure, au contraire,
doit avoir la conformation opposée, c'est-à-

dire des barres épaisses, recouvertes de chairs, arrondies au lieu de se terminer en saillie, et un canal tellement étroit que la langue couvre entièrement les barres à la moindre compression.

L'embouchure la plus inoffensive et la plus légère est donc celle qui touche le moins les parties sensibles (les barres), et dont les canons sont épais, au lieu d'être déliés ou minces.

L'embouchure la plus dure est celle qui concentre tout son effet sur les barres, et dont les canons sont minces. Le mors le plus léger est celui appelé *mors de cheval hongre* (*Voy.* planch. 1re, fig. 1), et qui a presque la forme droite, car plus une embouchure est courbée, plus elle est dure; de même que plus la langue est libre, plus le mors fait d'effet, car les barres se trouvent alors beaucoup plus exposées à l'action des canons. (*Voy.* planch. 1re, fig. 2.)

On fixera ses idées plus exactement à cet égard, en admettant (ce qui existe en effet) que la largeur du canal n'excède jamais la mesure d'un pouce et demi, les anomalies naturelles exceptées (1). Le mot canal s'ap-

_____

(1) Toutes les fois qu'il sera question dans cet ou-

plique ici à l'espace compris entre le milieu des deux barres, depuis les coins jusqu'aux crochets. Si l'embouchure vers les points *a b* (*fig.* 2) exerce une compression sur les barres, l'espace au-dessus de cette ligne *a b* formera ce qu'on appelle *liberté de langue*; donc, plus il y aura de courbure dans la construction de l'embouchure, plus il y aura de *liberté de langue*; et en effet, la compression qu'éprouve la langue est alors moindre; elle se loge dans l'espace libre, au lieu de couvrir les barres, et ces dernières éprouvent à nu l'effet de l'embouchure, ce qui rend son action nécessairement plus douloureuse.

D'après ce qui vient d'être expliqué, un mors avec liberté entière de langue, sera de l'espèce la plus dure; ainsi le mors, *fig.* 4, *planch.* 1re, sera plus dur que le précédent; cependant le n° 4 n'aura toute la liberté de langue, que lorsque l'embouchure proprement dite aura exactement la même largeur que le canal, et qu'elle sera assez haute pour ne pas comprimer la langue; car si l'embouchure dépassait les barres dans sa largeur,

vrage de la mesure d'un pouce, ce sera de celui de Vienne qu'on voudra parler, il est égal à 0,026 mètres.

son effet serait le même que celui des mors de l'espèce la plus douce (*fig.* 1re, *planch.* 1). Le mors avec liberté entière de langue a donc besoin que son embouchure ait *exactement* les dimensions indiquées, car si elle est trop large, elle est tout aussi inefficace que lorsqu'elle est trop étroite, à la seule différence près, que dans le dernier cas les barres sont plus fréquemment écorchées.

Le mors avec liberté de langue est d'autant plus dur, que l'embouchure s'élargit davantage sur le *devant;* car en tirant peu sur les rênes, la langue se procure plus de liberté.

Les branches du mors, par leur dimension, donnent de la douceur ou de la dureté au mors; mais comme il ne s'agit pas de l'effet des branches, mais de l'embouchure, nous ne nous en occuperons pas pour le moment : nous n'avons désigné que trois sortes d'embouchures dans cet écrit, parce qu'il nous a semblé que toutes les autres espèces venaient se confondre dans l'une de celles-ci.

La gourmette doit être confectionnée de manière à produire l'effet le plus doux possible; plus elle embrassera la barbe dans

toutes ses parties, plus la pression sera légère, et moins elle sera douloureuse. Il est
bon que les maillons de la gourmette, au
lieu d'être bossués, soient plats, car alors
ils seront en contact immédiat avec les
chairs, et en toucheront une plus grande
partie; l'action sera plus générale, plus
étendue, et par conséquent plus partagée
et affaiblie. Il est encore essentiel, par les
mêmes motifs, que la gourmette soit fixée
de manière qu'elle ne puisse ni remonter ni
descendre, et qu'elle reste appliquée sur
cette sorte de fossette qui sépare la barbe
de la ganache. Cette partie de la barbe est
charnue et velue; sa peau est épaisse; la
gourmette peut facilement l'embrasser, tandis que si elle se dérange et qu'elle remonte
plus haut, elle agira sur la ganache au point
où commence son écartement; là elle pèsera
d'autant plus douloureusement, qu'elle portera sur des proéminences isolées (en oppo-
sition à la barbe où elle embrasse tout).
Ajoutez que la peau de l'animal y est infini-
ment plus mince, et vous aurez la mesure
des écorchures et de la sensibilité du cheval
dans cette partie. Pour obvier à ce grave
inconvénient, on n'a qu'à faire faire les

mailles de la grandeur exactement nécessaire pour qu'elles restent dans ce que nous
appellerons la *fossette* de la barbe. Les gourmettes un peu larges et épaisses contribuent,
par leur poids, à l'équilibre du haut de la
branche; mais lorsqu'elles n'ont que de la pe-
santeur sans largeur, elles ne maintiennent
pas le haut de la branche à sa place, car
aussitôt que les branches commencent à
opérer, la gourmette serre la barbe, et
alors c'est sa forme et sa position qui dé-
terminent son utilité. Les doubles gourmettes sont les meilleures, et elles ont d'autant plus de prix que leurs mailles s'enchâs-
sent plus exactement l'une dans l'autre, et
qu'elles sont d'une grandeur exactement
uniforme.

La position de la gourmette à sa place
dépend entièrement des proportions qu'ont
les branches entre elles, et surtout de celles
de la portion supérieure des branches.

Le bon effet des branches et de l'embouchure dépend de la forme de la dernière,
ainsi que de celle de la gourmette, comme
il a été dit; cependant, la compression plus
ou moins forte des canons sur les barres est
déterminée principalement par la propor-

tion qui existe entre le haut et le bas de la
branche, si toutefois on tire sur les rênes
d'une manière égale ; il s'agit donc, pour
avoir un bon mors, de déterminer avant
tout les proportions qui doivent exister
entre le haut et le bas des branches considérées comme leviers.

Les deux bras du levier, unis par l'embouchure, exercent une action simultanée
sur les barres au moyen des canons ; l'action a lieu chaque fois que les branches
du mors sont mises en mouvement, quelle
que soit d'ailleurs la forme de l'embouchure.
Les barres peuvent donc être considérées
comme les *poids* qui résistent ; et comme
ce n'est que sur les barres que s'exerce
l'action combinée des branches, une ligne
droite tirée au milieu d'elles peut seule indiquer le point où le poids, dans le levier,
fait sentir son effet (*planch.* 1re, *fig.* 2).
La ligne *p p* détermine, dans les branches
c d e f, les points où le mouvement réaction-
naire des barres sur les leviers se fait sentir.
En admettant que l'embouchure en *a* et *b*
appuie sur les barres, il faudrait partager
la branche en branche supérieure et branche inférieure, d'après la distance qui existe

entre le *poids* et le *point d'appui*, et entre la *puissance* et le *poids*.

Le haut de la branche sera cette partie comprise entre le *poids* et le *point d'appui*; le bas de la branche sera formé de la partie qui se trouve entre la *puissance* et le *poids*.

La ligne indiquée peut seule donner la vraie répartition entre les branches; si elle conduit aux bossettes, comme dans la fig. 4, les points *g g* indiqueront le passage; si la ligne ne conduit pas à ces points (comme en *m m*, fig. 2), on ne doit pas calculer la division sur les bossettes, car on se tromperait de la différence qui exise entre la ligne véritable et celle qui unit les deux bossettes.

Le point d'appui se trouve au haut de là branche dans l'œil carré, et à l'endroit où la gourmette est attachée; de là, jusqu'au point marqué par la ligne que nous avons supposé tirée, se trouve ce qu'on appelle le haut de la branche. Dans la fig. 6, le haut de la branche se trouve entre *j* et *k*; mais si la gourmette était attachée comme on le voit en la fig. 7, le haut de la branche se trouverait entre *n n*, et en effet le point

2

d'appui n'existe qu'au point où la gourmette
est attachée à la branche.

La branche inférieure ou le *bas de la
branche* est cette partie qui est entre la *puissance* et le *poids*; le poids de la branche où
se font sentir les effets combinés des rênes
et la ligne qui vient y aboutir, forment ainsi
le bas de la branche. *Voyez* fig. 6 de *k* en *l*.

La longueur du bas de la branche, com-
parativement à sa partie supérieure, occa-
sione, jusqu'à un certain point, l'action
plus ou moins directe du mors; cependant,
on ne peut admettre comme règle générale,
qu'une branche inférieure plus longue renforce proportionnellement l'action du mors,
car la direction que l'on donne aux rênes,
en tirant dessus, entre dans cette action
pour beaucoup.

Conformément aux lois du levier, la *puissance* a d'autant plus d'avantage sur le *poids*
qu'elle en est plus éloignée; cependant, le
plus ou moins d'effet dépend aussi de l'angle
sous lequel la *puissance* agit sur la branche.
L'ignorance de ces lois a dû créer maints
préjugés dans la forme, la longueur et la
direction du levier. L'effet de la branche

dépend assurément en grande partie de la direction de la *puissance*; personne n'ignore que le cavalier augmente ou diminue l'effet du mors par une position différente de la main, en l'élevant ou l'abaissant un peu. Lorsque le cavalier, par exemple, tire également sur les rênes, en abaissant la main, il rassemble le cheval et lui donne, par conséquent, une impulsion plus forte. Cette vérité ne me paraît pas assez généralement sentie ; je vais donc tâcher de mieux la développer, autant du moins qu'on peut le faire sans démonstration mathématique.

Le mors (*planch.* 2, *fig.* 1), pourvu de sa gourmette, souffre que l'on tire sur les rênes sans qu'il fasse les fonctions de levier. Lorsqu'on tire comme en *a b*, on ne fait que hausser le mors dans la bouche du cheval, et aucun effet de levier ne se fait sentir ; si on tire dans la direction de *a c*, l'effet est le même, seulement le mors baisse au lieu de s'élever.

Ces deux manières de tirer les rênes sont donc insuffisantes pour produire l'effet d'un levier ; il suit de là que l'action de tirer les rênes, qui s'éloigne également des deux extrêmes que nous venons d'indiquer,

2*

est la plus efficace ; nous voulons dire celle qui ne tire ni en haut ni en bas. La rêne *a d* représente cette action : on voit qu'elle forme avec la branche inférieure du mors un angle parfaitement droit. Toute autre action des rênes se fait sous un angle plus ou moins droit, et s'approche de l'une des deux manières dont nous avons démontré l'inefficacité. Ainsi l'action *a f*, qui s'opère sous un angle très-ouvert, est voisin dans son effet de *a b*, tandis que *a g* est presque aussi inefficace que *a c*.

On est généralement d'opinion que le mors en avant de *la ligne*, dirige le cheval plus en avant ; que le mors derrière la ligne, l'attire plus en arrière, et qu'en le dirigeant *sur la ligne*, le cheval se maintient dans la bonne position. Ces idées sont également erronées. (*Voyez planch.* 2, *fig.* 2). La ligne dont il est question est censée verticale et partir de *l'orbite* du cheval pour finir au centre de l'œil carré : ainsi, *c b* est *sur la ligne*, *c a devant*, et *c d derrière*.

On s'aperçoit déjà, à la simple inspection de la planche, que la différence de direction dans les branches du mors communique à ce dernier des effets différens ; les

branches *a c* devant la ligne, et *cd* derrière,
forment avec les rênes des angles plus ou
moins droits : on en a vu l'inefficacité dans
l'explication de la fig. 1, planch. 2.

Un bon mors ne peut remplir son objet
que mu par une main habile, car le plus
simple de ses mouvemens rassure ou fait
dévier.

On objectera peut-être que le *bras* dirigé
devant la ligne, lorsqu'il est mis en mouvement, formera un angle plus rapproché de
l'angle droit que dans sa position ordinaire ;
le fait est exact, mais jamais il ne formera
d'angle droit parfait avec les deux lignes *a b*,
a d (*fig.* 1), si la gourmette s'adapte parfaitement à la barbe. Chacun peut faire des
essais à cet égard. Quelle que soit la forme
des branches, qu'elles soient courbes ou
droites, elle n'influe pas autrement sur l'action du mors, pourvu que la gargouille se
trouve sur la ligne.

La forme de la branche (*fig.* 6, *planch.* 1re)
pourrait être avantageuse, si elle n'était pas
devant la ligne, et que la courbe fût *derrière la ligne*, car alors elle empêcherait
certains chevaux de saisir les branches du

mors, pour se soustraire ainsi violemment à son action. En résumant ce qui a été dit, nous voyons que la longueur du bas de la branche ne renforce l'action du mors que lorsqu'en même temps l'angle formé par les rênes avec les branches se rapproche le plus possible de l'angle droit. La longueur du bas de la branche dépendant de celle du haut, sa forme doit également être raisonnée. Lorsque le haut de la branche est plus court que sa partie inférieure, l'action de cette dernière s'en accroît ; il y a cependant de certaines limites à cet égard qu'il ne faut point dépasser, car si le *poids* se rapprochait trop du *point de repos*, les fonctions du levier cesseraient. Ce principe, appliqué à la branche du mors, produit le même effet. Si le haut de la branche est trop court, la branche toute entière n'a plus de jeu. La hauteur de la partie supérieure du mors, ainsi que la bonne position de la gourmette, contribuent encore essentiellement à l'effet du mors.

Il résulte de la dissertation qui précède, et qui traite des parties isolées du mors, qu'il est d'abord nécessaire de donner une telle forme à la gourmette et à l'embouchure, que cette dernière excite plus de sensibilité et fasse plus d'effet sur le cheval que la gourmette. De là le besoin d'examiner en détail la construction de la bouche et celle de la barbe ; vient ensuite la combinaison des différentes parties du mors entre elles, afin d'apprécier au juste l'effet de chacune d'elles. La longueur de la partie supérieure de la branche doit toujours rester fixée dans certaines bornes ; il n'en est pas de même pour le bas de la branche ; sa longueur ne pourra être déterminée que d'après la conformation de la bouche du cheval.

Le cavalier qui désirera donner un bon mors à son cheval, doit étudier, avant tout, la structure de la bouche de l'animal ; ses soins se porteront ensuite à y faire adapter parfaitement l'embouchure, car la meilleure forme serait sans utilité, si elle était ou trop large ou trop étroite.

Afin de pouvoir mesurer la bouche du cheval, il faut fixer auparavant la position de l'embouchure dans la bouche ; ordinairement on lui assigne sa place à une certaine distance des crochets. Cette fixation n'est cependant qu'approximative ; car, tel cheval a les crochets plus en arrière que tel autre ; d'autres ont les crochets très-élevés et les coins fort bas, et *et vice versâ* ; de sorte que si la position de l'embouchure se réglait sur la distance des crochets, les canons du mors porteraient sur les coins. On sait d'ailleurs que les jumens n'ont pas de crochets ; je pense donc que la place de l'embouchure se détermine avec plus de justesse, lorsqu'on lui assigne pour régulateur l'endroit que nous avons appelé *fossette de la barbe* ; de sorte que les canons reposent précisément au-dessus d'elle. Par ce moyen, le mors reçoit plus d'action, en ce que la gourmette ne peut ni remonter ni descendre. A la vérité, il existe des chevaux qui n'ont pas d'éminence à l'endroit de la barbe que nous appelons *fossette*; mais, dans ce cas, on pourra se régler sur l'écartement de la ganache, dont le commencement indique l'endroit où devrait être la *fossette* de la barbe.

Pour mesurer exactement la bouche, il faut prendre une petite baguette en bois de 7 à 8 pouces de long sur un demi-pouce d'épaisseur, et, après s'être placé droit devant le cheval, on applique la baguette sur la langue, précisément au-dessus de l'endroit où doivent porter les canons. La main droite tiendra la baguette, l'index en l'air et contre la lèvre du cheval, pour marquer la mesure; l'index de la main gauche appuiera contre le bout de la baguette, qui doit être coupé droit. (*Voy.* la *fig.* 3, *planch.* 2.) Les deux index toucheront les lèvres sans les presser. Après avoir retiré la baguette de la bouche, on la coupe, ou bien on la marque à l'endroit désigné. La largeur de la bouche trouvée, on procédera à la mesure de la hauteur des barres; on appliquera à cet effet la même baguette contre l'extérieur de la mâchoire, dans l'intervalle des crochets et des coins; l'index gauche appuiera sur ce point, et celui de la main droite touchera la fossette de la barbe (*voy. fig.* 4, *planch.* 2); et comme il est essentiel que les deux index soient parallèles l'un à l'autre, il serait convenable que les deuxièmes phalanges de ces doigts marquassent la hauteur, car les premières phalanges ne sont pas toujours droites chez beaucoup d'hommes.

Ces deux mesures donneront la propor-

tion exacte de toutes les parties du mors
entre elles, et en effet :

La largeur de la barbe du cheval donnera
l'exacte dimension de l'embouchure entre
les deux branches. Pour que le mors reste
dans sa position ordinaire, il est bon que
les lèvres soient dans leur état naturel, et
rien n'y contribue autant que l'exacte largeur de l'embouchure : elle ne doit donc
être ni plus large ni plus étroite que la mesure ; dans le premier cas, la gourmette ne
pourrait pas embrasser toute la barbe, et
n'agissant que sur des points isolés, cette
partie du cheval serait écorchée par le frot-
tement ; si l'embouchure était trop étroite,
les lèvres du cheval entreraient dans la
bouche et se glisseraient sous l'embouchure,
le libre jeu des branches serait paralysé, et
il arriverait que le cheval voudrait saisir les
branches du mors, pour alléger cet état de
gêne : tandis que l'exacte proportion de
l'embouchure n'amènera aucun de ces in-
convéniens, procurera à la bouche l'embouchure qui lui convient, et à la barbe la
gourmette qui lui causera le moins de dou-
leur.

La longueur de la gourmette sera *une fois et demie de la largeur de la bouche* (la forme de l'anneau et du crochet se détermine d'après celle du haut de la branche); par ce moyen, la gourmette pourra justement tenir trois maillons en réserve non accrochés: tout cavalier expérimenté appréciera le prix d'une pareille mesure.

Le mors agit avec d'autant plus de vivacité et de violence que la gourmette est plus étroitement attachée; l'inverse a lieu dans le cas contraire. Si on voulait commencer par mettre une gourmette fort courte à un cheval non habitué au mors, on le rendrait méfiant pour long-temps, peut-être pour toujours, contre l'action de la gourmette; c'est donc avec une gourmette très-lâchement tendue qu'il faut débuter, sauf à la raccourcir peu à peu, afin d'habituer progressivement le cheval à l'action du mors.

Tout écuyer aura été à même d'apprécier l'avantage et même la nécessité d'avoir quelques maillons en réserve; souvent le cheval dressé est abandonné à des mains inhabiles et rudes, qui ne s'épargneraient assurément pas si la gourmette était bien tendue; et on sait aussi que le cheval, une fois rebuté de l'usage du mors, n'y revient pas sans peine.

La largeur du canal est à la hauteur des barres comme les trois quarts sont à l'unité. Chacun peut s'en assurer en examinant là ganache d'un cheval mort; la différence qu'on pourrait y remarquer proviendrait de la peau qui y manquerait. La largeur du mors, avec liberté de langue, est selon celle du canal; la largeur des autres espèces de mors de ceux (*fig.* 2, *planch.* 1re), par exemple, est déterminée par les points de partage de la branche en partie supérieure et inférieure.

Le haut de la branche du mors doit avoir exactement la même longueur que la mesure provenant de la hauteur des barres; cette proportion est la seule qui procure au mors l'impulsion véritable : elle empêche en outre la gourmette de descendre ou de remonter. La raison qui s'oppose à l'effet du mors, et qui fait que les gourmettes ne tiennent pas, se trouve uniquement dans la disproportion du haut de la branche; lorsque cette partie n'est pas assez élevée, on ne peut plus mouvoir le mors, et son action perd proportionnellement aux obstacles que rencontre la mobilité. Quelque resserrée que

soit la gourmette, elle n'empêchera jamais
entièrement le mors de basculer ; s'il n'en
était pas ainsi, la gourmette aurait besoin
d'être tellement resserrée que le cheval serait à jamais dégoûté du mors. Une longue
expérience vient à l'appui de cette théorie,
et les incrédules pourront se convaincre
eux-mêmes de ces vérités par des essais. La
fixation exacte de la longueur du haut de
la branche n'est cependant praticable que
pour un ou deux chevaux ; pour désigner
en masse cette longueur pour un grand
nombre, il suffira d'évaluer la largeur du
canal, et de donner cette mesure, plus un
quart, à la partie supérieure de la branche.
Ainsi, sans mesurer, on peut admettre que
le canal de la bouche ait un pouce et demi
de largeur, pour donner un quart de plus
au haut de la branche ; il serait long de un
pouce trois quarts et deux lignes (1).

Après avoir fixé la longueur du haut de
la branche, on passe à la forme du crochet
de la gourmette et de l'S. Le crochet doit
avoir les trois quarts de la longueur du haut

---

(1) 0^m,0450.

de la branche ; sa partie supérieure en dc (fig. 3, planch. 1re) doit être horizontale, tandis que celle de cg sera penchée. L'S qui doit être suspendue dans l'œil carré, aura la même forme et les mêmes dimensions. L'S, ainsi que le crochet, doivent embrasser étroitement l'œil, et avoir le moins de jeu possible pour empêcher la gourmette de monter ou descendre. Il est en outre important de suspendre le crochet et l'S dans l'œil carré, comme à la fig. 6, et non dans une ouverture séparée, comme à la fig. 7 ; le mors, par ce moyen, acquerra assez de jeu pour que la gourmette ne vienne pas *immédiatement* faire sentir son action sur la barbe, mais que l'embouchure fasse le *premier* effet sur la bouche, ce qui n'est pas indifférent pour un cheval qui a la bouche tendre.

Comme il a été démontré que le haut de la branche doit avoir une certaine dimension, et que, d'une autre part, la proportion existante entre le haut et le bas de la branche donne au dernier la force d'agir, on peut admettre comme principe général que le bas de la branche doit être long du double du haut de cette partie. Quoique l'effet du mors dépende beaucoup de l'angle que forme la rêne tendue avec le bas de la branche, cette dernière partie doit avoir néanmoins une étendue qui ne puisse dépasser certaines limites, soit pour conserver l'action nécessaire, soit pour ne pas la faire sentir trop brusquement sur l'embouchure. Le double de la longueur de la branche inférieure, qui est relativement à la branche supérieure comme deux à un, double aussi sa puissance. Cette différence fait que le mors opère généralement avec moins de violence, et que les secousses qu'il communique sont amorties avant de porter sur les barres, car la puissance qui tire sur les rênes parcourt un plus grand espace. Par tous ces motifs réunis, j'ai cru devoir adopter comme type de la hauteur du bas de la branche, la largeur de la bouche du cheval, ou, ce qui doit être la même chose, la largeur de son embouchure.

Du reste, ce qui a été dit plus haut doit avoir suffisamment démontré qu'on ne peut guère assigner une longueur absolue à la branche inférieure, et que la forme du mors en général doit être déterminée par la conformation de la bouche du cheval.

Pour résumer les démonstrations précédentes, nous voyons que la largeur exacte de la bouche du cheval donne celle de l'embouchure;

Que cette même largeur prise une fois et demie, donne la longueur de la gourmette, y compris les maillons;

Que la hauteur de la mâchoire, à l'endroit des barres, donne la largeur du canal, attendu que ce dernier est d'un quart plus étroit que la mâchoire n'est élevée;

Que la largeur du canal donne celle de l'embouchure, de la liberté de langue, et, dans certains mors, les points de la ligne de séparation entre le haut et le bas de la branche du mors;

Que la hauteur de la mâchoire donne encore celle du haut de la branche, que les crochets et les SS doivent avoir le quart de cette hauteur;

Que le bas de la branche doit avoir au moins le double du haut de la branche, et qu'enfin une plus grande longueur peut être déterminée par les proportions existantes dans les différentes parties et la structure du cheval.

On pourra, au moyen de ces indications, ajuster toute forme d'embouchure au cheval, et se tenir pour certain que la gourmette ne remontera pas, et que le mors ne fera pas la bascule, s'il a été construit d'après les dimensions indiquées.

La véritable largeur du canal étant connue, rien ne sera plus facile que de trouver la forme d'embouchure la plus convenable pour la bouche du cheval; l'élévation de l'embouchure seule n'a pu être déterminée, car plus elle doit faire effet, plus il faut donner de liberté à la langue : c'est donc l'épaisseur de la langue qui indiquera l'élévation ou l'abaissement de l'embouchure proprement dite.

La largeur de l'embouchure doit invariablement être celle du canal; car si elle était plus large, elle dépasserait la mâchoire et deviendrait tout-à-fait inutile; et si, au contraire, elle était plus étroite que le canal, les canons pèseraient trop douloureusement sur les barres.

On pourrait admettre pour l'élévation ordinaire de l'embouchure, la moitié de la largeur, sauf à l'élever autant qu'elle est

3

large, si elle doit servir à un cheval qui a
une langue excessivement épaisse. Par ce
moyen, la langue aura assez d'espace pour
se mouvoir et ne porter aucun empêche-
ment à la libre action du mors. Cette élévation (égale à sa largeur) ne doit jamais être
dépassée, sans cela elle toucherait au palais
du cheval qui en serait continuellement in-
quiété, et qu'on ne pourrait jamais tenir en
repos. Il vaut mieux, si l'on veut renforcer
l'action du mors, élargir ce qu'on appelle
liberté de langue, que de la hausser, restrei-
gnant cette *liberté* toutefois aux bords in-
férieurs des mâchoires.

D'après mon opinion, la forme de l'embouchure ne devrait pas être celle de la
fig. 5, planche 1re, c'est-à-dire, qu'elle ne
devrait pas être aussi étroite qu'elle l'est
en *a b*; mais elle devrait être de la même
largeur que le canal, car la langue ne pourrait pas rester dans le canal faute d'espace;
elle se glisserait donc ou au-dessous de l'embouchure, ou bien elle resterait dans l'embouchure. Dans le premier cas, l'embouchure elle-même deviendrait nulle, et dans
le second, le cheval ne serait jamais tran-

quille , il témoignerait par les secousses
fréquentes de sa tête que sa langue n'est
point dans sa position naturelle.

Pour ce qui est des mors brisés, je n'en
connais qu'une seule espèce qui me paraisse
utile : c'est celle appelée *mors de chasse de
Dessau*, brisé au milieu. Ce mors, abstrac-
tion faite des olives qui me paraissent des
jouets inutiles, est très-bon pour accoutumer les jeunes chevaux à bouche tendre à
l'action du mors ; il vaut d'autant mieux, qu'il
ressemble au filet ordinaire avec lequel le
cheval est déjà familiarisé. Mais il ne vau-
drait rien, si on voulait l'employer plus
tard pour instruire le cheval. Tous les mors
brisés ont cela de commun, qu'ils se ploient
pendant que le mors est en pleine action ;
or, une fois l'action du mors incertaine sur
la bouche du cheval, on n'en est plus le
maître, la compression des canons sur les
barres n'est point directe, mais en biais ; si
le mors ne se plie pas, il sert comme un
mors ordinaire ; mais, dans ce cas, on se
demande à quoi sert la brisure ?

Je crois pouvoir répéter, en terminant,
que les proportions indiquées dans cet écrit

3*

pour les différentes parties du mors, mettront tout cavalier à même de trouver seul le mors le plus approprié à la nature et à la construction de la bouche de son cheval : je suis assuré du bon effet de mon système, pourvu qu'on suive exactement les indications relatives aux mesures, les combinaisons relatives à l'ensemble et à la confection du mors.

La méthode pour mesurer et pour déterminer toutes les proportions, moyennant une petite baguette en bois, est on ne peut plus simple; cependant pour fixer encore avec plus de certitude le rapport des différentes parties de la bouche du cheval, je donne ici le dessin d'un compas que j'ai fait confectionner en 1810, lorsque j'étais écuyer en chef de l'Institut impérial et royal d'équitation de Vienne. (*Voy.* fig. 8, pl. 1re.) *a b* est une tringle en fer graduée en pouces et en lignes, sur une échelle réduite qui se trouve au bas; deux baguettes, également en fer, sont en *a* et en *b*, elles sont courbées en dehors en *f e*, et peuvent se mouvoir sur la barre *a b.* Une vis d'arrêt est placée de manière à marquer à l'instant la mesure en pouces et lignes de la largeur trouvée ; il en est de même en *c* : une vis y est également adaptée pour marquer sur *d f* la hauteur de la mâchoire. On applique ce pied à l'endroit désigné plus haut pour mesurer avec la baguette de bois.

※※※※※※※※※※※※※※※※※※※※※※※※※※※※※

DESCRIPTION

D'une Bride qui empéche le cheval de se cabrer, et le force de tenir la téte à sa position.

———◦———

Le cheval doit être préparé à recevoir le mors ; il faut accoutumer sa bouche à obéir promptement à l'impulsion qui lui vient de la main du cavalier, et qui lui est transmise par les branches du mors, intermédiaires entre l'homme et le cheval. Il faut que ce dernier soit dressé à ne point *éviter* l'effet du mors en se ramassant sur lui-même, ou à lui *résister* en allant au devant de son action. La bouche de l'animal, par sa sensibilité, doit déterminer l'obéissance immédiate de toutes les autres parties du corps.

L'instructeur préposé à ces soins, rencontre souvent dans la volonté de l'animal, des obstacles qu'il est obligé d'aplanir par

la force, au lieu de les réduire par la douceur, faute de temps et de moyens. Ce
n'est pas ici le lieu de discuter le mérite et
l'opportunité des moyens coërcitifs, ni d'indiquer ceux qui leur sont préférables; je
me bornerai à faire remarquer que l'on
compte parmi les moyens les plus violens de
résistance qu'oppose le cheval, celui de se
cabrer. Il n'est aucune espèce de bride, à
ma connaissance, qui empêche le cheval de
se cabrer, si ce n'est celle de M. l'écuyer
Behnens: encore me paraît-elle ne pas remplir le but qu'on s'était proposé (1).

Je viens donc à mon tour proposer une
nouvelle espèce de rênes, d'une forme ex-
trêmement simple, qui, au moyen de très-
légers changemens, pourra servir aussi bien
de guide que de levier. Elle pourra en con-
séquence être employée à l'instruction première du cheval.

L'appareil consiste en une bride d'environ
trois aunes (2) de long; en une paire de

___

(1) On trouve la description de cette bride dans le
Journal des Élèves de chevaux, etc.; publié par le ma-
jor Tennecker.

(2) L'aune de Vienne.

crochets semblables à ceux de carabine, et en deux boucles tournantes imitant la forme des étriers ; les crochets (*fig. m*, *pl.* 3) et les boucles, fig. *n*, ont une roulette à leur base et un pivot à leur sommet, qui rend l'un et l'autre mobiles et tournant sur leur axe.

Les roulettes des crochets et des boucles doivent avoir beaucoup de jeu pour que la rêne puisse s'y mouvoir avec facilité. Les boucles seront fixées sur le *dessus de la tête*, au-dessous du *frontal* et à la hauteur des tempes du cheval. (*Voy. n*, fig. 5, pl. 2.) Les crochets seront suspendus dans les anneaux d'un bridon d'abreuvoir ordinaire (*Voy. m*, fig. 5, pl. 2); la rêne sera passée d'abord dans le crochet, et ensuite dans la boucle d'avant en arrière, et attachée aux deux côtés de l'arçon de la selle (en *k*).

Moyennant cette rêne, le cavalier soutiendra la tête de son cheval tant qu'il voudra, et lui maintiendra son port bas ou élevé comme il l'entendra, résultat qui ne s'obtient par aucune autre espèce de bride.

La force du cheval est singulièrement modérée par le peu d'élévation de la main du cavalier (*Voy.* fig. 5); et en effet, la résistance du cheval doit parcourir toute la

longueur de la rêne avant d'arriver à la
main du cavalier, elle se brise chemin fai-
sant contre deux angles, savoir, contre les
boucles et les crochets. La main du cavalier
(qui représente ici le *poids* et qui est le seul
point où la résistance peut se faire sentir),
est très-rapprochée du point d'appui. Par
cette combinaison, la résistance de la tête
du cheval est tellement diminuée, que le
cavalier, au moyen de cette rêne, fera plus
avec une main, que, dans toute autre occa-
sion, avec deux.

.Lorsqu'on veut enfin se servir de cette
rêne comme d'un bridon ordinaire, au lieu
de la passer dans les boucles et les crochets,
on la passe dans les crochets du bas seulement, et alors elle servira comme toute
autre rêne. L'appareil est tellement simple
qu'on peut l'employer, comme on voit, avec
le bridon.

Extrait du Catalogue du même Libraire.

ÉQUITATION, ART VÉTÉRINAIRE, HIPPIATRIQUE.

ABRÉGÉ d'Hippiatrique, extrait des meilleurs auteurs, 1823, in-8.   3 f.

BARENTIN DE MONTCHAL. Traité sur les Haras, extrait de l'ouvrage italien de Jean Brugnone, traduit et rédigé à l'usage des haras de la France et de toutes les personnes qui élèvent des chevaux. Paris, 1807, 1 vol. in-8.   3 f.

BOHAN. Principes pour monter et dresser les chevaux de guerre, formant le 3e volume de l'ouvrage de M. le baron de Bohan, intitulé : *Examen critique du Militaire français*, suivi des passages extraits des tomes 1 et 2 qui ont paru les plus dignes d'être conservés. Paris, 1821, 1 vol. in-8, 6 planches.   6 fr.

La réputation bien établie et bien méritée de cet ouvrage nous dispense de tout éloge ; on sait qu'il n'en existe pas de plus précis et de mieux raisonné.

BOIDEFFRE. Principes d'équitation et de cavalerie. Paris, an XI, 1 vol. in-12.   1 f. 50 c.

BOIDEFFRE. Principes de cavalerie. Paris, 1790, 1 vol. in-12.   2 f.

BOURGELAT. Essai théorique et pratique sur la Ferrure, à l'usage des élèves des Ecoles vétérinaires, 3e édition. Paris, 1813, 1 vol. in-8.   3 f.

BOURGELAT. Matière médicale raisonnée, *ou* Précis de médicamens considérés dans leurs effets ; 4e édition, augmentée et publiée avec des notes ; par J. B. Huzard. Paris, 1805, 2 vol. in-8.   10 f.

BOURGELAT. Elémens de l'Art vétérinaire ; Traité de la conformation extérieure du cheval, de sa beauté et de ses défauts ; des considérations auxquelles il importe de s'arrêter dans le choix qu'on doit en faire, etc. ; 6e édition, augmentée du Traité des Haras, publié par Huzard. Paris, 1818, 1 vol. in-8.   7 f.

BOURGELAT. Elémens d'Hippiatrique, *ou* Nouveaux principes sur la connaissance de la médecine des chevaux, 5 vol. in-12.   18 f.

BOURGELAT. Essai sur les appareils et sur les bandages propres aux quadrupèdes. Paris, 1815, 1 vol. in-8, avec fig.   7 f.

BRÉZÉ. Essai sur les haras, *ou* moye propres pour établir, diriger et fai prospérer les haras ; suivi d'une Méthc facile de bien examiner les chevaux q l'on veut acheter. Turin, 1769, 1 vol. in fig.

BRÉZÉ. (Voir *Art militaire des Anciens*.

BRUNOT (sculpteur). Etudes anatomiqu du cheval, utiles à sa connaissance in rieure, extérieure, à son emploi et à représentation relativement aux arts, planches, texte noir. Paris, 1826.   2c
   Planches coloriées,   4c

CHATELAIN. Mémoire sur les chevaux a bes ; projet tendant à augmenter et améliorer les chevaux en France. Un v in-8, fig.   2 f. 5c

CLATER. Le Vétérinaire domestique, l'Art de guérir soi-même ses chevau traduit de l'anglais sur la 21e édition, P. L. Prétot, capitaine au Corps ro d'Etat-major, 1 vol. in-8, avec 2 bel planches.

Les Anglais s'entendent bien en chevaux ; et éditions de cet ouvrage épuisées chez eux, prouv en faveur de son mérite.

CONNAISSANCE parfaite des chevaux, cc tenant la manière de les gouverner et les conserver en santé, les détails leurs maladies, les moyens de les pré nir, etc. Paris, 1802, 1 vol. in-8, fig.

CORDIER. Traité raisonné d'équitation harmonie avec l'ordonnance de cava rie, mis en pratique à l'école royale cavalerie de Versailles, aujourd'hui à S mur. Paris, 1824, 1 v. in-8, avec pl.

Cet Ouvrage n'est ni une compilation ni un semble de principes pris çà et là, et souvent inc réns ; il est le fruit de trente ans d'expérience d'observations. L'auteur, par un goût tout natu a toujours dirigé ses études vers l'art de l'équitat dont il pose et démontre aujourd'hui les princ Sa méthode est claire, simple, et surtout exen de charlatanisme. La place de Directeur du man académique de l'Ecole de Saumur, qui lui est conf prouve la confiance du Gouvernement dans ses tal

DELABÈRE. Art vétérinaire, *ou* Médec appliquée à la connaissance de toutes maladies des chevaux, trad. de l'anglais. Paris, 1803, 3 vol. in-8, 9 planch. 18 fr.

UPATY DE CLAM. La science et l'art de l'Equitation démontrés d'après la nature, *ou* Théorie et pratique de l'équitation, fondées sur l'anatomie, la mécanique, la géométrie et la physique. Paris, 1776, 1 vol. in-4, 9 planch.

UPATY DE CLAM. Pratique de l'Equitation, *ou* l'Art de l'Equitation réduit en principes, 1 vol. in-12. 4 f.

SENBERG (le baron d'). L'Art de monter à cheval, *ou* description du Manége moderne dans sa perfection, expliqué par des leçons nécessaires, et représenté par figures exactes, etc. vol. in-fol. obl. 20 f.

ARSAULT. Le Nouveau parfait Maréchal, *ou* la connaissance générale et universelle du cheval, divisé en sept traités. Paris, 1811, 1 vol. in-4, 39 pl. 15 f.

ARSAULT. L'Anatomie générale du cheval. Paris, 1734, 1 vol. in-4, fig.

RARD (directeur de l'Ecole vétérinaire d'Alfort). Traité d'anatomie vétérinaire, *ou* Histoire abrégée de l'anatomie et de la physiologie des principaux animaux domestiques. Seconde édition. Paris, 1820, 2 vol. in-8. 12 f.

Traité du pied, considéré dans les animaux domestiques, contenant son anatomie, ses difformités, ses maladies; et dans lequel se trouvent exposés les opérations et le traitement de chaque affection, ainsi que les différentes sortes de ferrure qui leur sont applicables. Paris, 1813, 1 vol. in-8, 6 planches. 4 f. 50 c.

DINE. Elémens d'Hygiène vétérinaire, suivis de Recherches sur la morve, le cornage, la pousse et la cautérisation, 815, 1 vol. in-8. 4 f.

DINE, Instruction sur les soins à donner aux chevaux pour les conserver en santé en route, etc., et remédier aux accidens qui pourraient leur survenir, 1817, 1 vol. in-8. 1 f. 75 c.

RTMANN. Traité des Haras, auquel on a ajouté la manière de ferrer, marquer, ongrer et anglaiser les poulains; des remarques sur quelques-unes de leurs maladies; des observations sur le pouls, sur la saignée et sur la purgation, avec un Traité des Mulets; traduit de l'allemand sur la 2e édit., revu et publié par J. Huzard. Paris, 1788, 1 vol. in-8. 6 f.

TEVILLE. (Voir *Stratégie, tactique, etc.*)

JACQUEMIN. Cours d'Hippiatrique à l'usage des Officiers et Sous-officiers de cavalerie, 2e édition, 1826. 1 f. 50 c.

JAUZE. Cours théorique et pratique de maréchallerie vétérinaire, à l'usage des élèves des écoles vétérinaires, des maréchaux des corps de cavalerie, etc. Paris, 1818, 1 vol. in-4, avec 110 pl. 30 f.

LAFOSSE. Manuel d'Hippiatrique, 5e édit. augmentée, 1824, 1 vol. in-12. 3 f. 50 c.

LAFOSSE. Dictionnaire raisonné d'hippiatrique, cavalerie, manége et maréchallerie, 4 vol. in-8. 20 f.

LAFOSSE. Le Guide du maréchal, contenant une connaissance exacte du cheval, la manière de distinguer et guérir ses maladies, ensemble, un traité de la ferrure qui lui est convenable, 1 vol. in-8, fig. 6 f.

LA GUÉRINIÈRE. Ecole de cavalerie, contenant la connaissance, l'instruction et la conservation du cheval; nouv. édition, avec le portrait de l'auteur, 2 vol. in-8, 31 planch.

— Le même, 1 vol. in-fol. 36 f.

LA GUÉRINIÈRE. Elémens de cavalerie, 2 vol. in-12. 6 f.

LEBLANC. Traité des maladies des yeux observées sur les principaux animaux domestiques, principalement le cheval, contenant les moyens de les prévenir et de les guérir de ces affections, 1824, 1 vol. in-8, fig. 9 f.

MARTIGNY. Projet d'amélioration de la race des chevaux. Paris, 1824. 1 f.

MONTFAUCON DE ROGLES. Traité d'équitation; nouvelle édition, avec planches. Paris, 1810, 1 vol. in-8. 5 f.

MULLER. Dissertation sur l'équitation et le maniement des armes à cheval; suivie d'un examen critique de la cavalerie ancienne et moderne. Senlis, 1821, broch. in-4. 3 f.

NEWKASTLE (le Nouveau), *ou* Nouveau Traité de cavalerie. Paris, 1747, 1 vol. in-12. 1 f. 20 c.

NEWKASTLE. La Méthode nouvelle, et invention extraordinaire de dresser les chevaux, les travailler selon la nature par la subtilité de l'art, laquelle n'avait jamais été trouvée, 1 vol. in-fol., avec beaucoup de planches. 72 f.

PONS-D'HOSTUN. L'Ecuyer des dames, *ou* Lettres sur l'Equitation, contenant des principes et des exemples sur l'Art de monter à cheval; ouvrage utile à l'un et à l'autre sexe, et orné de fig., gravées d'après les dessins d'Horace Vernet, 1806, 1 vol. in-8. *(rare.)*

ROBINET. Dictionnaire d'hippiatrique pratique, *ou* Traité complet de la médecine des chevaux, orné du cheval et du squelette, dessinés d'après nature et gravés avec soin. Versailles, 1771, 1 v. in-4. 9 f.

ROI. Elémens d'équitation militaire; ouvrage utile aux jeunes gens qui veulent cultiver cet art, et particulièrement à ceux qui se destinent à remplir les fonctions d'instructeurs. Paris, an VIII, 1 vol. in-12. 2 f. 50 c.

RYDING. Pathologie vétérinaire, ou *Vade mecum* du cavalier, contenant un Traité sur les causes et les progrès des maladies du cheval, avec une exposition des méthodes les plus propres à les prévenir et à les traiter. Paris, 1804, 1 volume in-12. 2 f. 50 c.

SAUNIER (Gaspard de). De l'Art de la cavalerie. Paris, 1756, 1 vol. in-fol., 27 planches. 15 f.

SIND (le baron de). L'Art du manége, p dans ses vrais principes, suivi d'une m thode pour l'embouchure des chevaux d'une connaissance abrégée des prin pales maladies auxquelles ils sont suje 3e édition. Paris, 1774, 1 v. in-8, fig.

SIND (le baron de). Manuel du cavali qui renferme les connaissances néc saires pour conserver le cheval en san et pour le guérir en cas de maladi 2e édition, revue, corrigée et considér blement augmentée. Paris, 1766, 1 v in-12, 3 planch.

THIROUX. OEuvres complètes sur l'éq tation, les haras, la connaissance cheval, son éducation pour tous les s vices, sa nourriture, etc. Versailles, an 2 vol. in-4, fig. *(rar*

VALOIS. Cours d'Hippiatrique, compren des notions sur la charpente osseuse cheval, la description de toutes les p ties extérieures, la beauté et les défect sités naturelles ou accidentelles, etc par M. Valois, vétérinaire des écuries Roi; 2e édit., Paris, 1825, 1 vol. in- 3 f. 5

ESCRIME.

CHATELAIN (lieutenant-colonel). Traité d'Escrime, à pied et à cheval, contenant la démonstration des positions, bottes, parades, feintes, ruses, etc., 2e édition, 1 vol. in-8, avec planch. 3 f.

DANET. L'Art des Armes, 2 vol. in-8, avec planch. 12 f.

ESCRIME, Danse, Equitation et Art de nager, 1 vol. in-4, avec planch. 18 f.

LABOESSIÈRE. Traité de l'Art des armes, à l'usage des professeurs et des amateurs, 1818, 1 vol. in-8, 42 planch. 7 f.

M. Laboessière père fut le maître du fameux Saint-Georges; et le fils, l'auteur de cet ouvrage, fut son émule : ainsi les principes de trois hommes qui se sont acquis dans l'art des armes une si haute réputation, sont réunis dans ce Traité.

LAPAUGÈRE. Traité de l'Art de faire des

armes. Paris, 1825, 1 vol. in-8, avec figures. 7

LA ROCHE-AYMON (pair de France). Troupes légères, *ou* Réflexions sur l'i truction et la tactique de l'infanterie de la cavalerie légère, 1 vol. in-8, a planch. *(ra*

MULLER (officier). Théorie sur l'Escrim cheval, pour se défendre avec avant contre toute espèce d'armes blanch ornée de 51 planches, 1 vol. in-4. 1

MULLER. Mémoire sur les armes de Cavalerie. Paris, 1817, broch. in-4. 5

MULLER. (Voir *Equitation*, etc.)

MULLER. La Baïonnette, *ou* Observati sur l'utilité d'une méthode d'escrime p cette arme.

Imprimerie de DEMONVILLE, rue Christine, n° 2.

Pl. 1.

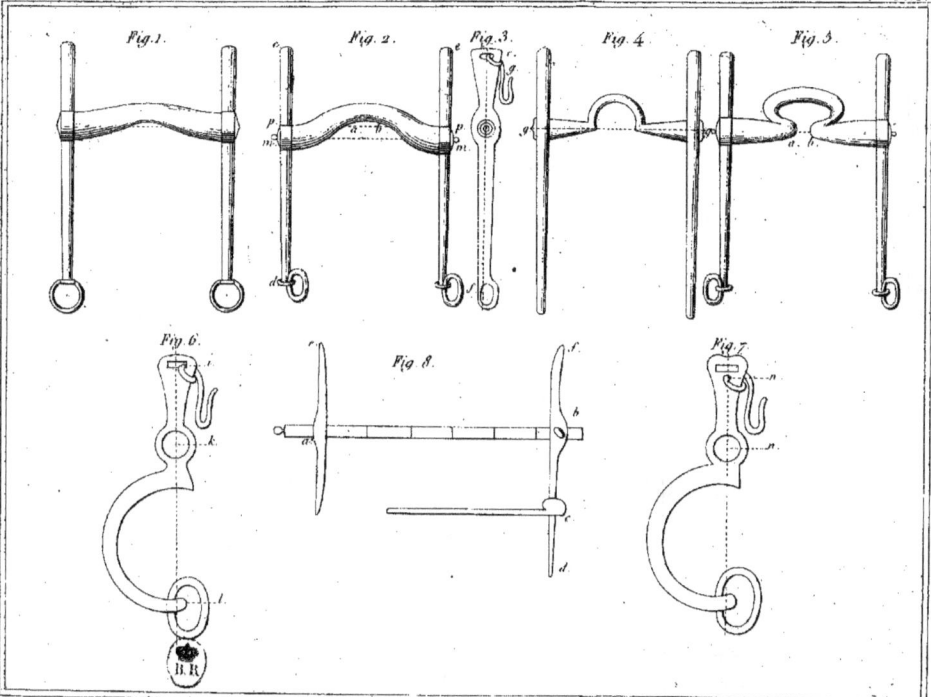

Fig. 1. Fig. 2. Fig. 3. Fig. 4. Fig. 5.

Fig. 6. Fig. 8. Fig. 7.

B.R.

Pl. II.

Fig. 3.

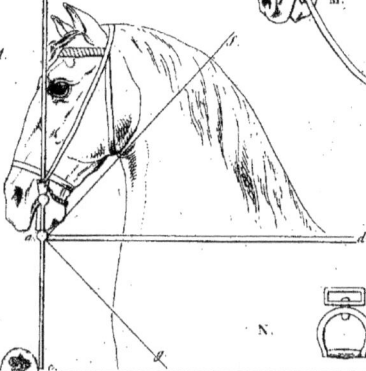

Fig. 4

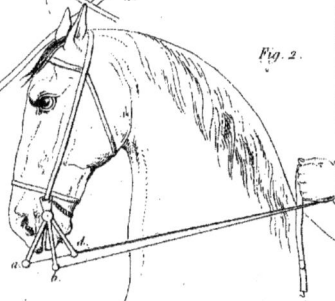

Fig. 5.

M.

h.

Fig. 1.

Fig. 2.

N.

M.

1764

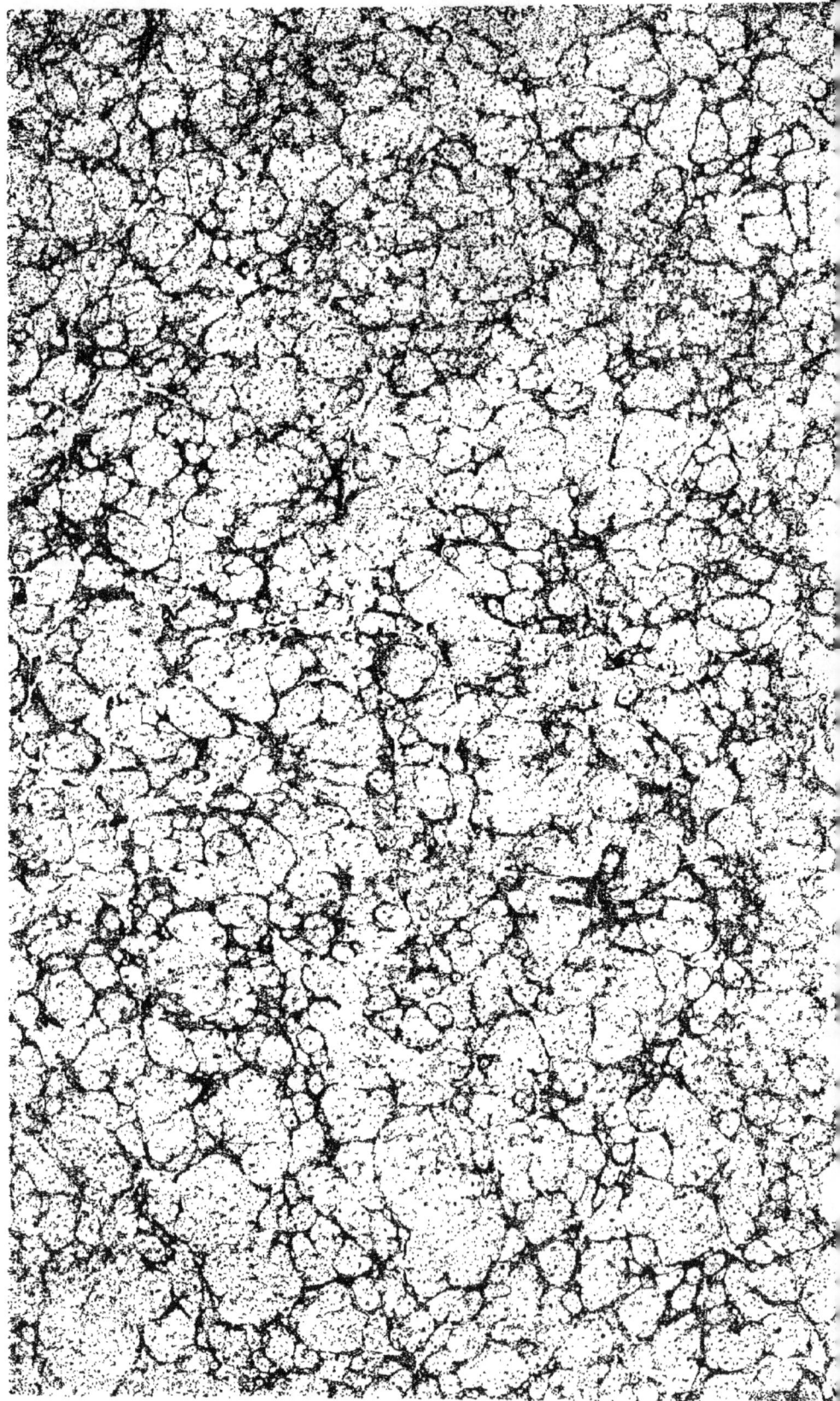

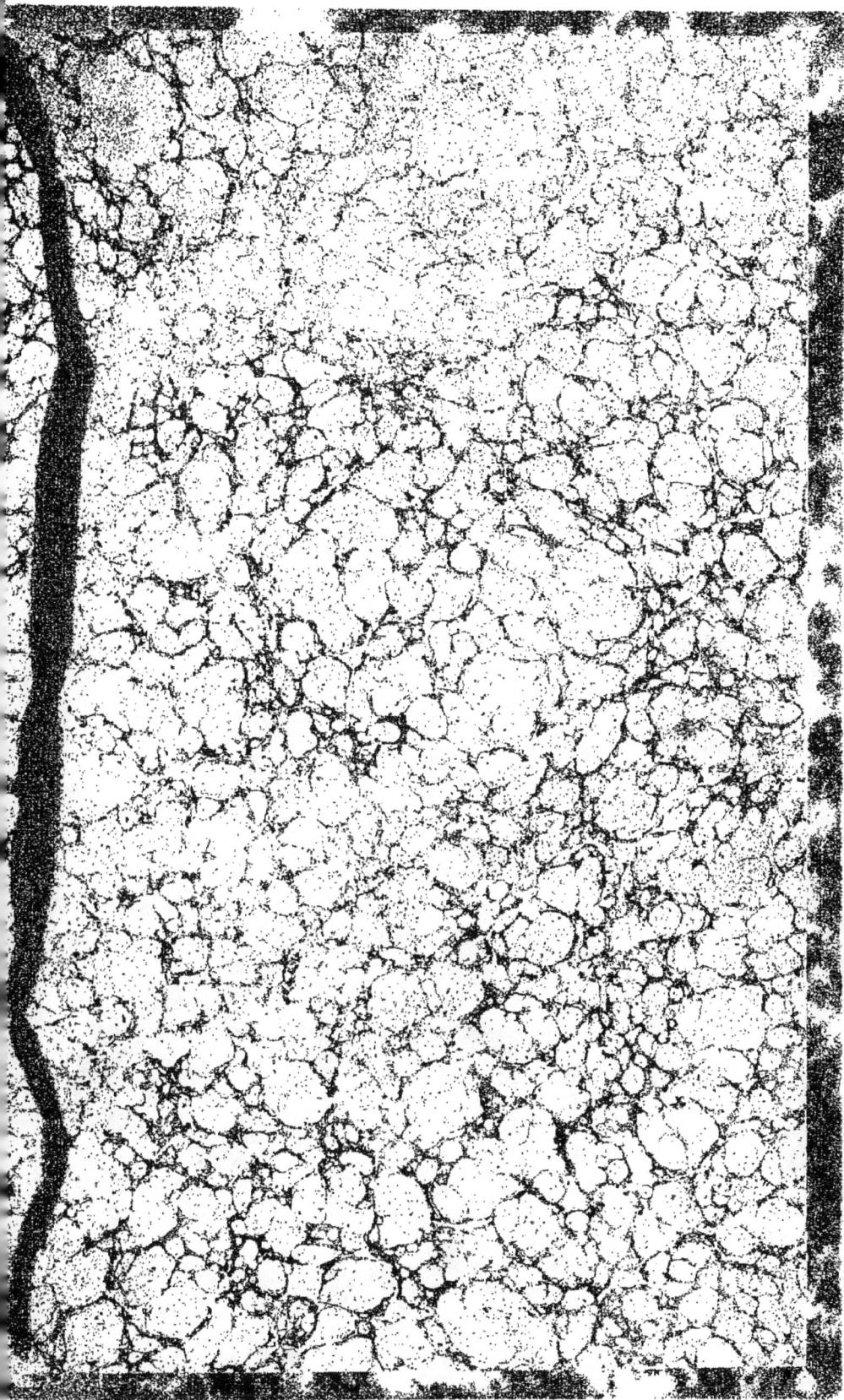

www.ingramcontent.com/pod-product-compliance
Lightning Source LLC
Chambersburg PA
CBHW070841210326
41520CB00011B/2306